Das Tierreich

Eine Zusammenstellung und Kennzeichnung der rezenten Tierformen

Gegründet von der Deutschen Zoologischen Gesellschaft

Im Auftrage der

Preußischen Akademie der Wissenschaften zu Berlin

herausgegeben von

F. E. Schulze (†), W. Kükenthal (†)

fortgesetzt von **K. Heider,** seit 1927 von **R. Hesse**

Schriftleiter: **C. Apstein**

„Πάντα ῥεῖ“ *„Sine systemate chaos“*

61. Lieferung

Dipnoi

bearbeitet von

Dr. Maximilian Holly
Wien

Mit 25 Abbildungen

Berlin und Leipzig 1933
Walter de Gruyter & Co.
vormals G. J. Göschen'sche Verlagshandlung — J. Guttentag, Verlagsbuchhandlung
Georg Reimer — Karl J. Trübner — Veit & Comp.
Ausgegeben August 1933

Das Tierreich

Im Auftrage der

Preußischen Akademie der Wissenschaften zu Berlin

herausgegeben von

F. E. Schulze (†), W. Kükenthal (†)

fortgesetzt von **K. Heider**, seit 1927 von **R. Hesse**

Schriftleiter: **C. Apstein**

---

61. Lieferung

Pisces 2

Dipnoi

bearbeitet von

Dr. Maximilian Holly
Wien

Mit 25 Abbildungen

Berlin und Leipzig 1933

Walter de Gruyter & Co.

vormals G. J. Göschen'sche Verlagshandlung — J. Guttentag, Verlagsbuchhandlung
Georg Reimer — Karl J. Trübner — Veit & Comp.

Ausgegeben August 1933

Archiv-Nr. 52 4883

Inhalt

Die Literatur wurde bis Ende 1932 berücksichtigt

Druck: August Hopfer, Burg b. M.

Literatur-Kürzungen

Agassiz, Rech. Poissons foss. — Recherches sur les Poissons fossiles, comprenant ... par Louis Agassiz, ... Ouvrage couronné par la Société géologique de Londres. *v.* 1—5. Neuchâtel et Soleure. [Text & Atlas]: 1833—43[44]. 4.

Amer. Natural. — The American Naturalist. Salem (Philadelphia) (Boston). 8.

Ann. Hofmus. Wien — Annalen des K. K. naturhistorischen Hofmuseums. Wien. 8.

Ann. Mus. Congo — État indépendant du Congo. Annales du Musée du Congo, publiées par Ordre du Secrétaire d'État. Zoologie. Bruxelles. 4.

Ann. nat. Hist. — The Annals and Magazine of natural History, including Zoology, Botany, and Geology. London. 8.

Ann. N. York Ac. — Annals of the New York Academy of Sciences, late Lyceum of natural History. New York. 8.

Arch. Naturg. — Archiv für Naturgeschichte. Berlin. 8.

Bonaparte, Cat. Pesci Eur. — Catalogo metodico dei Pesci Europei di Carlo L. Principe Bonaparte. Napoli. 1846. 4. [& 1846 in: *Atti Sci. Ital.,* Adun. 7, *v.* 2].

Bonaparte, Consp. Syst. Ichthyol. — Conspectus Systematis Ichthyologiae Caroli-Luciani Bonaparte. Editio reformata. Lugduni Batavorum. 1850. 2.

Boulenger, Cat. Freshw. Fish. Afr. — Catalogue of the Fresh-Water Fishes of Africa by George Albert Boulenger. *v.* 1—4. London. 1909, 11, 15, 16. 8.

Claus, Grundz. Zool., ed. 2 — Grundzüge der Zoologie. Zum Gebrauche an Universitäten und höheren Lehranstalten sowie zum Selbststudium von Carl Claus. Zweite vermehrte Auflage. Marburg & Leipzig. 1872. 8.

Claus-Grobben-Kühn, Lehrb. Zool., ed. 10 — Lehrbuch der Zoologie. Begründet von C. Claus, neubearbeitet von Karl Grobben und Alfred Kühn. Zehnte neubearbeitete Auflage des Lehrbuches von C. Claus. Berlin und Wien. 1932. 8.

Duméril, Hist. nat. Poissons — Auguste Henri André Duméril, Histoire naturelle des Poissons, ou Ichthyologie générale. *v.* 1, 2 & Atlas. Paris. 1865—70. 8.

Egerton, Syst. Cat. foss. Fish Cole — A systematic and stratigraphical Catalogue of the fossil Fish in the Cabinets of Lord Cole and Sir Philip Grey Egerton; together with an alphabetical and stratigraphical Catalogue of the same Species, ... By Philip Grey Egerton. London. 1837. 4.

Gegenbaur, Vergl. Anat. — Vergleichende Anatomie der Wirbeltiere mit Berücksichtigung der Wirbellosen von Carl Gegenbaur. 2 *v.* Leipzig. 1898, 1901. 8.

Gray, Cat. Amph. Brit. Mus. — J. E. Gray, Catalogue of the Specimens of Amphibia in the Collection of the British Museum. Part II. Batrachia gradientia. London. 1850. 12.

Günther, Cat. Fish. Brit. Mus. — Catalogue of the Fishes in the British Museum by Albert Günther. *v.* 1—8. London. 1859—70. 8.

Haeckel, Gen. Morphol. — Generelle Morphologie der Organismen. Allgemeine Grundzüge der organischen Formen-Wissenschaft, mechanisch begründet durch die von Charles Darwin reformierte Descendenz-Theorie, von Ernst Haeckel. *v.* 1, 2. Berlin. 1866. 8.

Haeckel, Syst. Phyl. — Systematische Phylogenie. Entwurf eines natürlichen Systems der Organismen auf Grund ihrer Stammesgeschichte von Ernst Haeckel. *v.* 1—3. Berlin. 1894, 96, 95. 8.

Hoeven, Handb. Zool. — Handbuch der Zoologie. Von J. van der Hoeven. Nach der 2. Holländischen Ausgabe. *v.* 1, 2. Leipzig. 1850, 52—56. 8.

Ihle, Kampen, Nierstrasz, Versluys, Vergl. Anat. — Vergleichende Anatomie der Wirbeltiere von J. E. W. Ihle, P. N. van Kampen, H. F. Nierstrasz, J. Versluys. Aus dem Holländischen übersetzt von G. Chr. Hirsch. Berlin. 1927. 8.

Isis — Isis |Encyklopädische Zeitschrift, vorzüglich für Naturgeschichte, vergleichende Anatomie und Physiologie| von [Lorenz von] Oken. Leipzig. 4.

J. Zool. — Journal de Zoologie, comprenant des différentes Branches de cette Science, ... Par P. Gervais. Paris. 8.

Lankester, Treat. Zool. — A Treatise on Zoology. Edited by E. Ray Lankester. London. *v.* 1—. 1900—. 8.

Laporte-Castelnau, Exp. Amér. Sud — Animaux nouveaux ou rares recueillis pendant l'Expédition dans les Parties centrales de l'Amérique du Sud, de Rio de Janeiro à Lima et de Lima au Para; exécutée par Ordre du Gouvernement Français pendant les Années 1843—47, sous la Direction du Comte Francis de Castelnau. Part. VII. *v.* 1—3. Paris. 1855, 55, 57, 59. 4.

Monber. Ak. Berlin — Monatsberichte der Königlich Preußischen Akademie der Wissenschaften zu Berlin. Berlin. 8.

Nachr. Ges. Götting. — Nachrichten von der Königl. Gesellschaft der Wissenschaften und der Georg-Augusts-Universität zu Göttingen. Göttingen. 8.

N. Acta Ac. Leop. — Nova Acta |physico-medica| Academiae Caesareae Leopoldino-Carolinae |Germanicae| Naturae Curiosorum. [*v.* 9 & sequ.:] Verhandlungen (Abhandlungen) der |Kaiserlichen| Leopoldinisch-Carolinischen Akademie der Naturforscher. Norimbergae. (Erlangen) (Bonn) .... 4.

Not. Nat.-Heilk. — Notizen aus dem Gebiete der Natur- und Heilkunde, gesammelt ... Jena. 4.

Owen, Anat. Vert. — On the Anatomy of Vertebrates. By Richard Owen. *v.* 1—3. London. 1866, 66, 68. 8.

Owen, Lect. vert. An. — Lectures on the comparative Anatomy and Physiology of the vertebrate Animals, delivered at the Royal College of Surgeons of England, in 1844 and 1846. By Richard Owen. London. 1846. 8.

Peters, Reise Mossamb. — Naturwissenschaftliche Reise nach Mossambique auf Befehl Sr. Maj. des Königs Friedrich Wilhelm IV. in den Jahren 1842 bis 48 ausgeführt von W. Peters. — Zoologie. *v.* 1, 3, 4, 5. Berlin. 1852, 82, 68, 62. 4.

Phil. Tr. — Philosophical Transactions of the Royal Society of London. London. 4.

P. Linn. Soc. London — Proceedings of the Linnean Society of London. [London.] 8.

P. zool. Soc. London — Proceedings of the zoological Society of London. London. 8.

SB. Ak. Wien — Sitzungsberichte der Kaiserlichen Akademie der Wissenschaften. — Mathemathisch-naturwissenschaftliche Classe. Wien. 8.

Smithson. Collect. — Smithsonian miscellaneous Collections. Washington. 8.

Tr. Irish. Ac. — The Transactions of the Royal Irish Academy. Dublin. 4.

Tr. Linn. Soc. London — The Transactions of the Linnean Society of London. — [Ser. 2:] Zoology. London. 4.

Tr. zool. Soc. London — Transactions of the zoological Society of London. London. 4.

Verh. Ver. Rheinlande — Verhandlungen des naturhistorischen Vereines der Preußischen Rheinlande und Westphalens. Bonn. 8.

Woodward, Cat. foss. Fish. Brit. Mus. — Catalogue of the fossil Fishes in the British Museum ... By A. S. Woodward. *v.* 1—4. London. 1889, 91, 95, 1901. 8.

Work J. S. Budgett — The Work of John Samuel Budgett, being a Collection of his zoological Papers, together with a biographical Sketch by A. E. Shipley and Contributions by Richard Assheton, Edward J. Bles, Edward T. Browne, J. Herbert Budgett and J. Graham Kerr. Edited by J. Graham Kerr. Cambridge. 1907. 4.

Zool. Anz. — Zoologischer Anzeiger. Leipzig. 8.

Systematischer Index

Subclassis Dipnoi

1841 *Diplopneumena* (part.) + Ord. *Manentibranchia* (part.) + Trib. *Fimbribranchia*, John Hogg in: Ann. nat. Hist., *v.* 7 p. 362 | 1845 *Dipnoi*, J. Müller in: Arch. Naturg., *v.* 11 I p. 135 | 1846 *Pneumobranchii* + Sect. *Sirenoidei*, Bonaparte, Cat. Pesci Eur., p. 4 | 1846 *Protopteri*, Rich. Owen, Lect. vert. Anat., *v.* 1 p. 50 | 1849 *Colobopterygii* (part.), C. Mayer in: Verh. Ver. Rheinlande, *v.* 6 p. 202 | 1850 *Pneumobranchii* + Sect. *Protopteri*, Bonaparte, Consp. Syst. Ichthyol. | 1852 *Protopteri (Dipnoi)*,

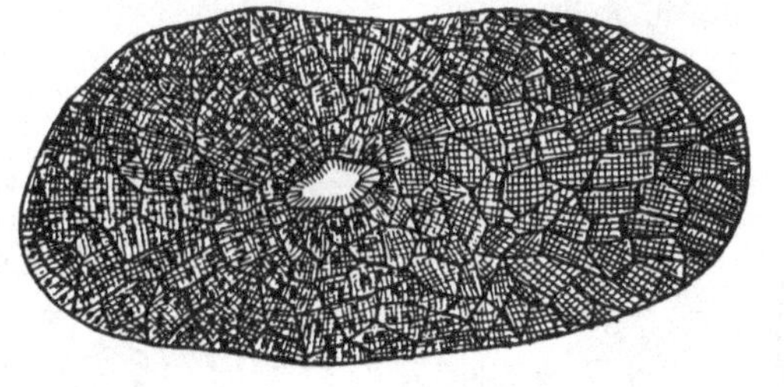

Fig. 1.
Schuppe von **Neoceratodus**, schwach vergrößert. (Nach Plate, aus van Kampen).

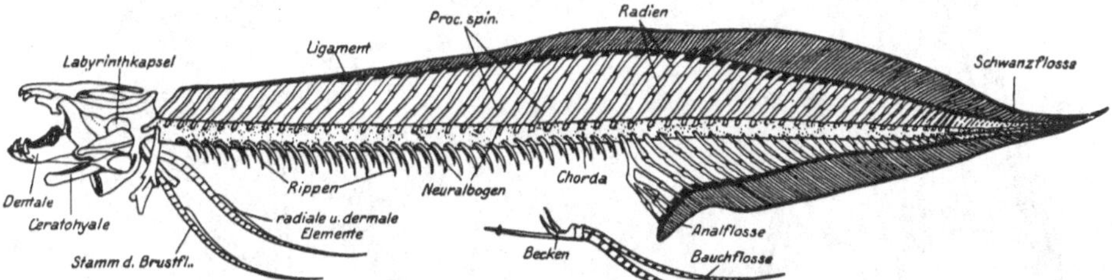

Fig. 2.
Skelett von **Protopterus annectens** (Ow.). (Nach Dean, aus Versluys).

Hoeven, Handb. Zool., ed. 2 *v.* 2 p. 214 | 1864 *Hemiepiencephali* (part.) + *Hemi-Ganoidei* (part.), C. Mayer in: N. Acta Ac. Leop., *v.* 30 p. 25, 26 | 1866 *Dipneusti*, Haeckel, Gen. Morphol., *v.* 2 p. CXXIX | 1866 *Protopteri*, Rich. Owen, Anat. Vert., *v.* 1 p. 14 | 1870 *Dipnoi*, Alb. Günther, Cat. Fish. Brit. Mus., *v.* 8 p. 321 | 1880 *Herpetichthyes*, Huxley in: P. zool. Soc. London, [*v.* 48] p. 660 | 1889 *Dipnoi*, E. D. Cope in: Amer. Natural., *v.* 23 p. 854 | 1891 *D.*, A. S. Woodward, Cat. foss. Fish. Brit. Mus., *v.* 2 p. 234 | 1895 *Dipneusta*, Haeckel, Syst. Phyl., *v.* 3 p. 257 | 1907 *Dipneusti*, W. K. Gregory in: Ann. N. York Ac., *v.* 17 p. 447 | 1909 *D.*, Boulenger, Cat. Freshw. Fish. Afr., *v.* 1 p. 18 | 1932 *Dipnoi*, Grobben in: Claus-Grobben-Kühn, Lehrb. Zool., ed. 10 p. 927.

Fische mit beschupptem Körper, persistierender Chorda dorsalis und knorpeligem, teilweise verknöchertem Skelett;

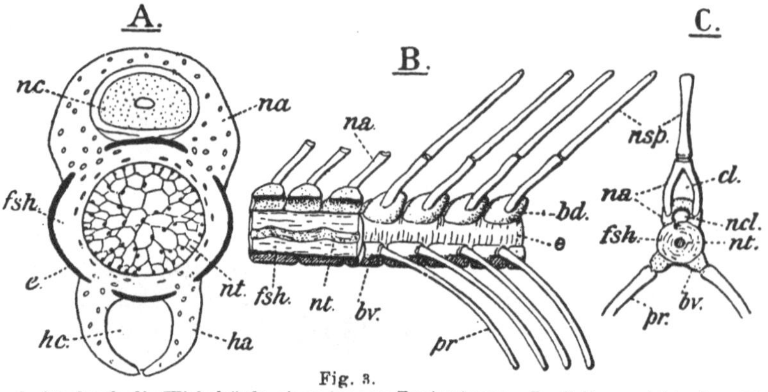

Fig. 3.
A, Querschnitt durch die Wirbelsäule eines jungen **Protopterus.** B, Seitenansicht eines Teiles der Wirbelsäule von **Neoceratodus forsteri** (Krefft); der vordere Teil ist längs durchschnitten. C, desgl. im Querschnitt. — *bd* basidorsaler, *bv* basiventraler Knorpel; *cl* Ligamentkanal; *e* Elastica externa; *fsh* fibröse Scheide; *ha* Haemalbogen; *hc* Haemalkanal; *na* Neuralbogen; *nc* Rückenmark; *ncl* Neuralkanal; *nsp* Neuralstachel; *nt* Notochord; *pr* Pleuralrippe. (Nach Goodrich).

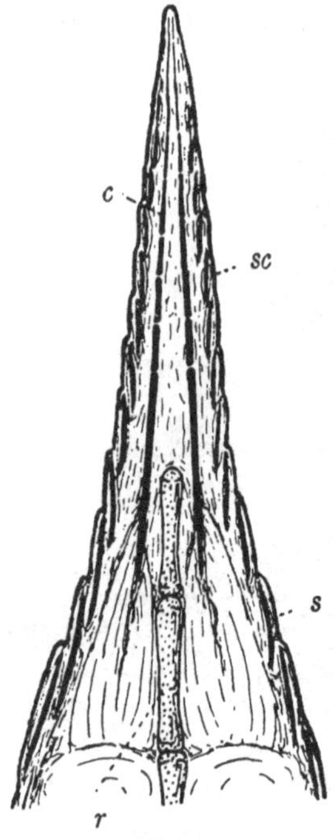

Fig. 4.
Querschnitt durch die Rückenflosse von **Neoceratodus;** *c* Camptotrichium; *r* Radius; *s* Körperschuppe; *sc* Flossenschuppe. (Nach Goodrich).

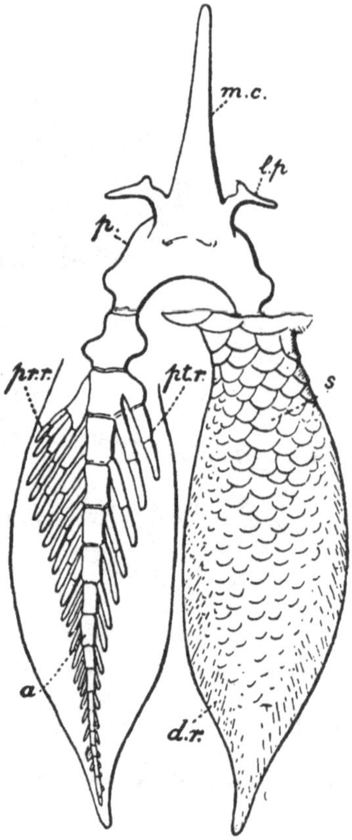

Fig. 6.
Ventralansicht des Beckengürtels und der Bauchflossen von **Neoceratodus forsteri** (Krefft); das Skelett des Gürtels und der rechten Flosse ist vollkommen freigelegt. *a* gegliederter Schaft; *dr* Hornfäden; *lp* lateraler, *mc* medianer Fortsatz des Beckengürtels; *p* Beckenknorpel; *pr r* postaxiale *pt r* praeaxiale Radien; *s* Beschuppung der axialen Region. (Nach Davidoff, aus Goodrich).

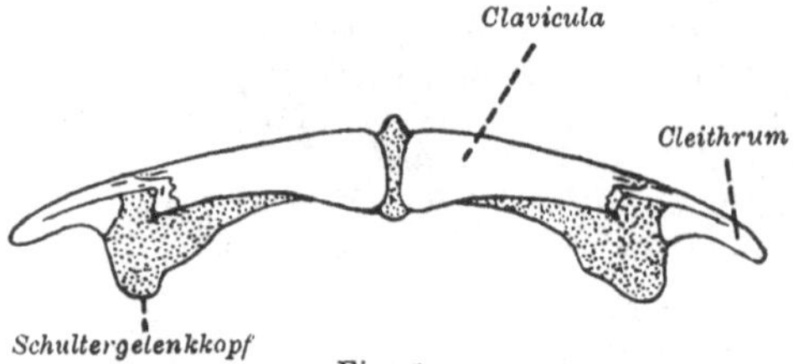

Fig. 5.
Schultergürtel von **Neoceratodus,** Ventralansicht. (Nach Gegenbaur).

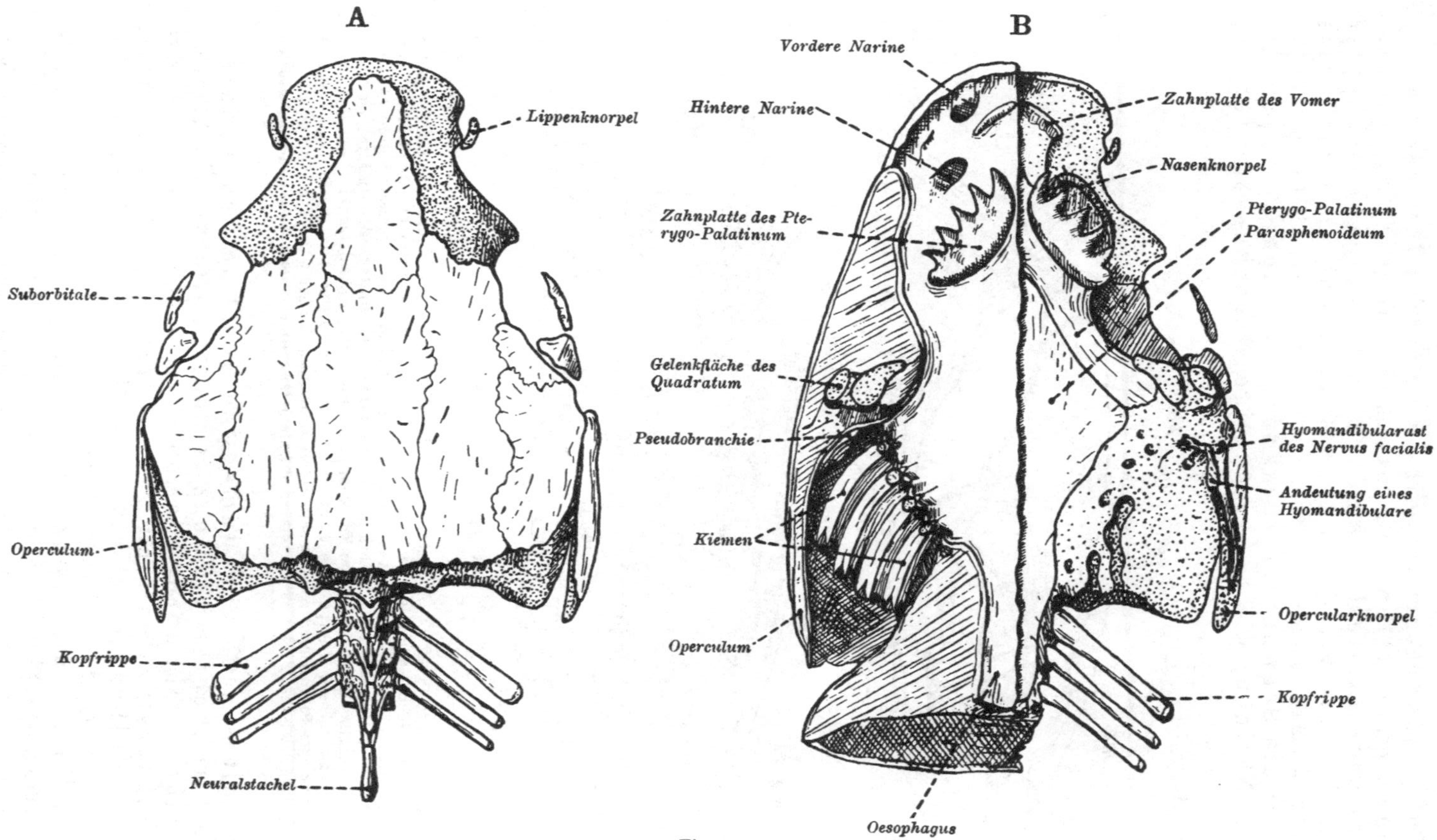

Fig. 7.
Neoceratodus forsteri (Krefft): A = dorsale Ansicht des Schädelskelettes. B = Ventralansicht des Kopfes; linkerseits ist der Unterkiefer entfernt und die Kiemen sind durchschnitten; rechterseits ist das Skelett freigelegt. (Nach Goodrich).

das Palatoquadratum ist mit dem Schädel fest verbunden; paarige Extremitäten sind vorhanden, sie besitzen ein frei bewegliches Basalglied, an das sich ein langer beschuppter Schaft anschließt, der an zwei oder nur an einer Seite Flossensäume aufweist, die durch Hornstrahlen gestützt werden; die Schwanzflosse ist sekundär diphycerk; paarige äußere Narinen, die in knorpelige Nasenkapseln führen;

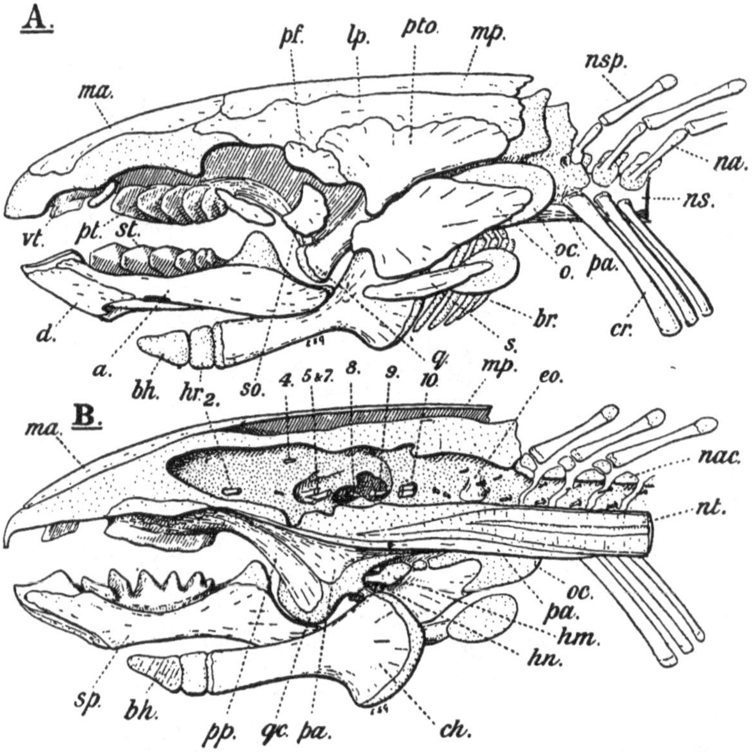

Fig. 8.

Neoceratodus forsteri (Krefft). A Seitenansicht des Schädelskelettes, linke Hälfte von außen; B Innenansicht des Schädelskelettes, rechte Hälfte. — *a* Angulare, *bh* Basihyale; *br* fünfter Kiemenbogen; *ch* Ceratohyale; *cr* Kopfrippe; *d* Dentale; *eo* Exoccipitale; *hm* Hyomandibulare; *hn* Hyomandibularnerv; *hr* Hypohyale; *lp* Lateralplatte; *ma* vordere, *mp* hintere Mittelplatte; *na* Neuralbogen; *nac* Neuralbogenknorpel; *ns* Notochordalscheide; *nsp* Neuralstachel; *nt* Notochord; *o* Operculare, und *oc* sein Knorpel; *pa* Parasphenoideum; *pf* Postfrontale; *pp* Pterygopalatinum; *pt* Palatinzähne; *pto* Pteroticum (?), und *q* sein unterer Fortsatz, der den Quadratumknorpel *qc* deckt; *s* Suboperculare; *so* Suborbitale; *sp* Spleniale; *st* Splenialzähne; *vt* Vomerzähne. (Nach Goodrich).

die an diese nach rückwärts sich anschließenden Nasengänge durchbohren den Gaumen (innere Narinen); die Atmung geschieht sowohl durch Kiemen, als auch durch Lungen; die Kiemenhautstrahlen sind nur äußerst schwach entwickelt; Herz mit Bulbus; Darm mit Spiralklappe; eine Kloake; Entwicklung mit oder ohne Metamorphose.

Der Körper der *Dipnoi* ist langgestreckt und niedrig, schwach seitlich zusammengedrückt, oder von rundlichem Querschnitt; der Kopf trägt kleine Augen und eine weite Mundspalte. Die Haut weist Hartgebilde in Form regelrechter Schuppen (Cycloidschuppen) (Fig. 1) auf, die in sog. Schuppentaschen liegen, von diesen vollständig umschlossen und in der mesodermalen Lederhaut (Corium) gebildet werden. Sie entstammen also nicht der ektodermalen Oberhaut (Epidermis),

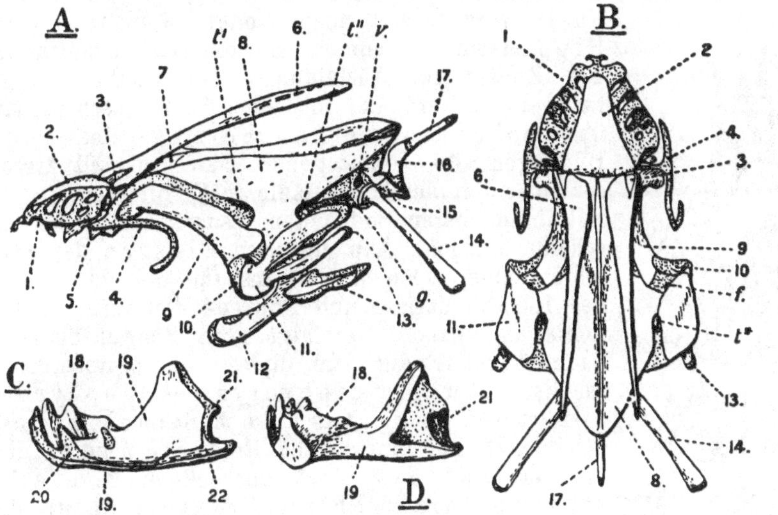

Fig. 9.
Lepidosiren paradoxa Fitz. A Linke Seite, B Dorsalansicht des Schädelskelettes. C Außenansicht des linken, D Innenansicht des rechten Unterkieferastes. 1 Nasenkapsel; 2 Ethmoideum; 3 und 7 Fortsatz des Pterygopalatinum; 4 vorderer Augenknorpel; 5 Palatinzähne; 6 dermales, laterales Ethmoideum; 8 Occipitale (Fronto-Parietale); 9 Pterygopalatinum; 10 Quadratum; 11 Squamosum; 12 Ceratohyale; 13 Suboperculum und Operculum; 14 Kopfrippe; 15 Parasphenoideum; 16 Neuralbogen; 17 Neuralstachel; 18 Splenialzähne; 19 Spleniale; 20 Meckel'scher Knorpel; 21 Knorpel des Articulare; 22 Angulare; *f* Foramen facialis; *g* Foramen glossopharyngealis; *t* Foramen trigemini; *v* Foramen des Nervus vagus. (Nach Bridge, aus Goodrich).

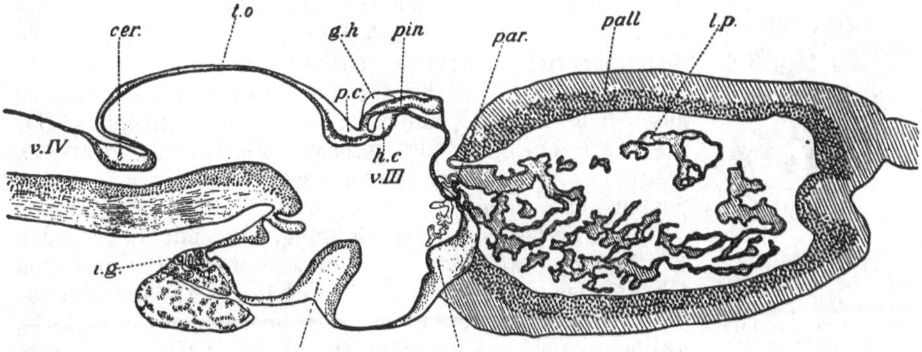

Fig. 10.
Längsschnitt durch das Gehirn von **Lepidosiren paradoxa** Fitz. — *ac* vordere Commissur; *cer* Cerebellum; *ch* optisches Chiasma; *gh* Habenularganglion; *hc* Habenularcommissur; *ig* Infundibulardrüse; *lp* lateraler Plexus; *pall* Pallium der Cerebralhemisphäre; *par* Paraphysis; *pc* hintere Commissur; *pin* Pinealkörper; *to* Tectum opticum; *v III* dritter, *v IV* vierter Ventrikel. (Nach Kerr, aus Goodrich).

welch letztere keine Knochensubstanz zu bilden vermag; die Verknöcherungen der Haut liegen demnach unter der Epidermis. Das Stützgerüst des Körpers bildet ein knorpeliges, teilweise verknöchertes Skelett (Fig. 2); in seiner ganzen Länge wird der Körper von einer gut entwickelten, persistierenden Chorda dorsalis durchzogen; Wirbelkörper werden keine ausgebildet (acentrische Wirbel), wobei aber kräftige obere (neurale) und untere (haemale) Bögen segmental zur Entwicklung gelangen (Fig. 3), die manchmal *(Neoceratodus)* in die Chordascheide hineinwachsen; die Bogenstücke, sowie ihre Fortsätze (Processus spinosi) verknöchern mehr oder weniger vollständig. Rippen sind vorhanden, sie kommen sogar im Bereich des Kopfes zur Ausbildung und bestehen aus einem knorpeligen Kern, der mit einer Knochenscheide umhüllt ist (enchondral verknöchert); sie sind selbständige Bildungen des skelettogenen Gewebes und treten nur sekundär mit der Wirbelsäule in Verbindung, wo sie sich mit ihren oberen Enden dem ventralen Teil der Chordascheide anlegen. Die unpaaren Flossen der *Dipnoi* bilden einen einzigen Flossensaum, der das Caudalende des Körpers umfaßt und Rücken-, Schwanz- und Afterflosse miteinander vereinigt; die Schwanzflosse ähnelt dadurch vollständig dem diphy- oder protocerken Typus (sie ist sekundär diphycerk oder gephyrocerk); gestützt werden die Flossen durch Strahlen (Radien), direkten Fortsetzungen der Processus spinosi, die verknöchert sind, aber einen knorpeligen Kern aufweisen, und durch Hornstrahlen (Ceratotrichia), die hier die Flossen besonders elastisch machen (Fig. 4); die Hornstrahlen sind gegliedert, sie können mit zunehmendem Alter verkalken und werden dann Camptotrichia genannt. Die *Dipnoi* sind mit paarigen Extremitäten ausgestattet, es wird daher sowohl ein Schulter- (Fig. 5) als auch ein Beckengürtel (Fig. 6) ausgebildet. Der primäre Schultergürtel ist ziemlich gut entwickelt und besteht aus Knorpel (nur im hohen Alter der Tiere kann er teilweise verknöchern); vom sekundären Schultergürtel kommen Cleithrum und Clavicula hinzu; die Gelenkfläche für die Vorderextremitäten wird ausschließlich vom primären Schultergürtel gebildet. Das Becken erscheint als unpaare Platte mit paarigen, schräg nach vorn gerichteten, seitlichen und einem unpaaren, medianen Fortsatz; nach rückwärts kommen 2 kurze Fortsätze zur Ausbildung, die mit den beiden Hinterextremitäten in Verbindung stehen. Die paarigen Gliedmaßen, Brust- und Bauchflossen bestehen aus einem einfachen, frei beweglichen, knorpeligen Basalgliede, an das sich ein aus ungefähr zylindrischen Knorpelgliedern zusammengesetzter Schaft anschließt; dieser Schaft trägt beiderseits gegliederte Radien *(Neoceratodus)*; außerdem kommen auch hier, wie bei den unpaaren Flossen, stützende Ceratotrichia hinzu; häufig *(Lepidosiren* und *Protopterus)* fehlen die Radien überhaupt, wie in diesen Fällen die paarigen Extremitäten kaum zu aktiver Fortbewegung gebraucht werden können. Am Schädel (Fig. 7, 8, 9) kann man 2 Teile unterscheiden: Das Neurocranium, das das Gehirn und die Sinnesorgane enthält und das Visceralskelett oder Splanchocranium, dem u. a. der Unterkiefer- und die Kiemenbogen angehören; das Neuro-

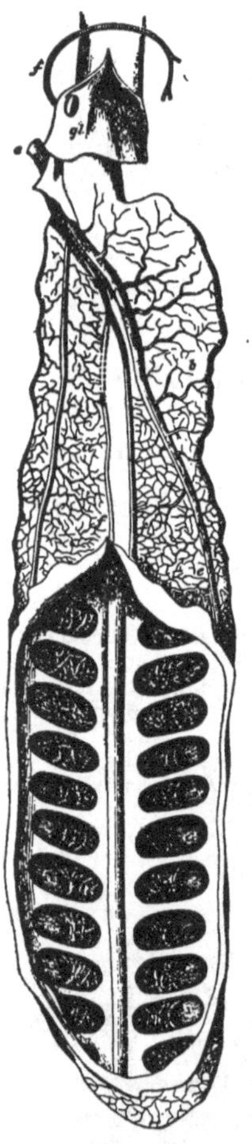

Fig. 11.
Lunge von **Neoceratodus forsteri** (Krefft); die rückwärtige Hälfte ist eröffnet, um ihre Kammerung zu zeigen. *c* Zellenbeutel; *e* Vena pulmonalis; *f* Arteria pulmonalis; *oe* Oesophagus; *gl* Glottis. (Nach Günther, aus Goodrich).

cranium selbst wird von dem sog. Palaeocranium gebildet, das die vorderen Teile des Neurocranium nach rückwärts bis zur Labyrinthkapsel umfaßt und dem Neocranium, das aus später aufgenommenen Wirbeln, die nun den Hinterhauptsteil des Schädels bilden, besteht; ein solches Neurocranium wird protometamer genannt; in weiterer Entwicklung wird später noch eine Gruppe von Wirbeln in den Verband des Schädels aufgenommen (auximetameres Neurocranium); das

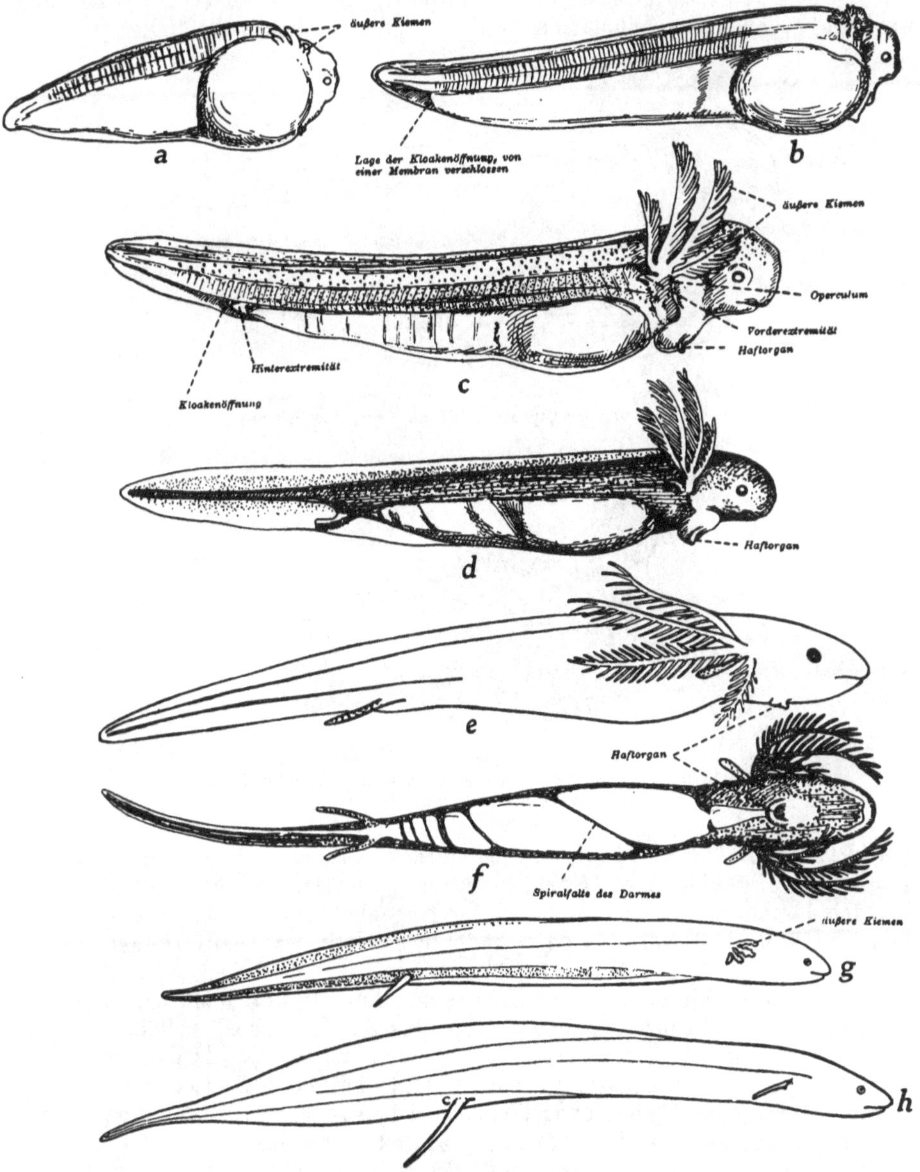

Fig. 12.

Verschiedene Verwandlungsstadien der Larve von Lepidosiren paradoxa Fitz. (Nach Kerr, umgezeichnet und vereinfacht). *a* **3 Tage;** *b* **10 Tage;** *c* **24 Tage;** *d* **27 Tage;** *e* **30 Tage nach dem Schlüpfen;** *f* **desgleichen von der Unterseite;** *g* **40 Tage nach dem Schlüpfen;** *h* **junges Tier, 3 Monate alt.**

gilt im allgemeinen vom Schädel der *Gnathostomata*. Der Schädel der *Dipnoi* ist auximetamer. Die später in den Schädel aufgenommene Wirbelgruppe besteht aus 3 Wirbeln, von denen der letzte noch ein Paar gut entwickelter Rippen trägt (Kopfrippen). Die primäre Schädelkapsel (Primordialcranium) ist sehr gut entwickelt und bleibt bis auf die Exoccipitalia der Hinterhauptsregion knorpelig; das primäre Dach des Schädels wird außerdem von Deckknochen (knöchernes Schädeldach) überdeckt, das bei *Neoceratodus* aus wenigen großen Knochenplatten besteht und ziemlich vollständig ist; bei

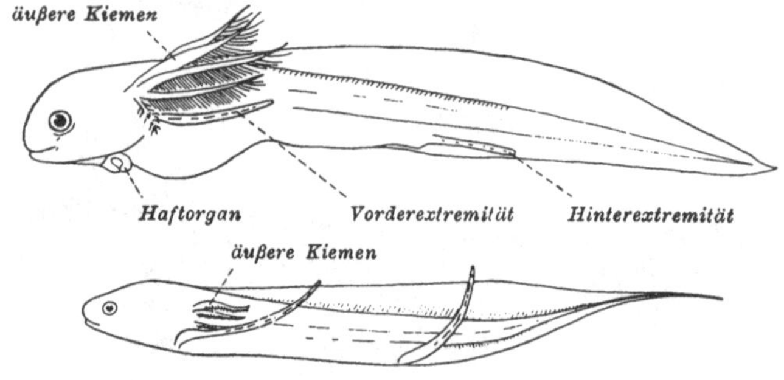

Fig. 13.
Larven von **Protopterus**. (Nach Kerr, vereinfacht).

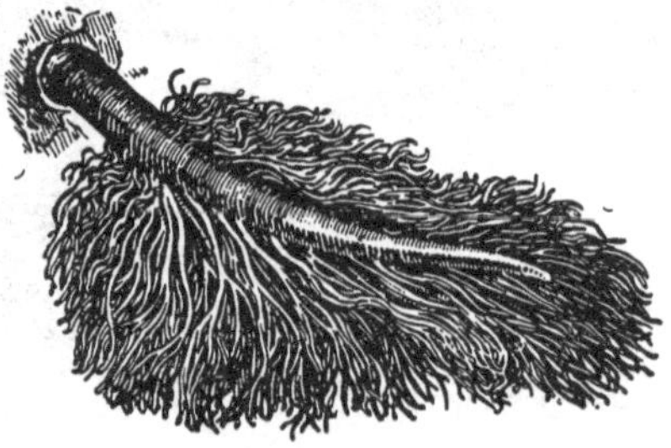

Fig. 14.
Bauchflosse von **Lepidosiren** mit akzessorischen Atmungsfilamenten.
(Nach Winterstein, aus Nierstrasz).

Lepidosiren und *Protopterus* ist es zurückgebildet und besteht bloß aus 2 langen, zungenförmigen Knochenplatten; die Deckknochen des Dipnoër-Schädels lassen sich nicht mit jenen der Knochenfische vergleichen; zwischen dem primären und sekundären Schädeldach klafft ein spaltförmiger Raum, der bis zu den Augenhöhlen reicht und in den die Kaumuskulatur eindringt. Vor allem ausgezeichnet sind die *Dipnoi* dadurch, daß das Palatoquadratum, der obere Teil des Kieferbogens, vollständig mit dem Neurocranium fest verbunden ist; das Pterygoideum und das Palatinum verschmelzen miteinander (Pterygo-Palatinum) und tragen mächtige Zahnplatten; ein Quadratum und ein Metapterygoideum fehlen. Der Unterkiefer ist sehr fest; das Zahnbein (Dentale) ist bei *Lepidosiren* und *Protopterus* völlig zurückgebildet, bei *Neoceratodus* ist es klein und trägt keine Bezahnung; dafür findet sich hier im Unterkiefer eine sehr starke Zahnplatte, die auf jene des Pterygo-Palatinum paßt, sie wird von einem großen Spleniale (Operculare) getragen; der Meckelsche Knorpel (Cartilago meckeli) ist immer gut entwickelt und verknöchert nicht; von den Deckknochen des Unterkiefers wird ein Angulare beobachtet; ein Hyoidbogen ist vorhanden; die Kiemenbogen sind schwach, am besten sind sie noch bei *Neoceratodus* entwickelt; bei *Lepidosiren* und *Protopterus* findet man hier überhaupt nur schwache, ungegliederte Knorpelstäbchen, die ventro-medial nicht miteinander verbunden sind, da die Copulae fehlen; Kiemenhautstrahlen und ein Kiemendeckel kommen bei den *Dipnoi* nur

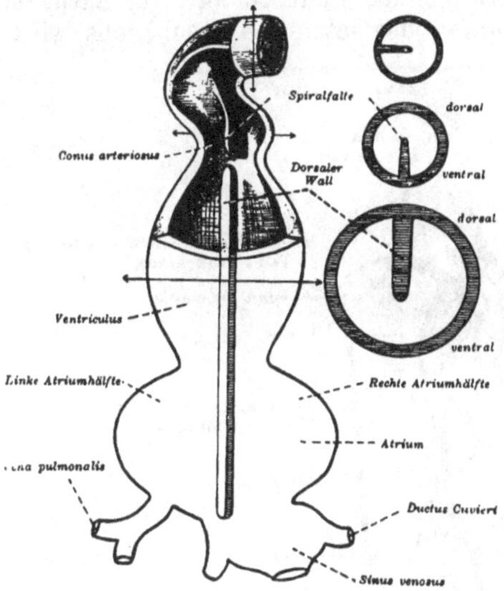

Fig. 15.
Schema des Herzens von **Neoceratodus**, von der dorsalen Seite gesehen. (Nach Nierstrasz).

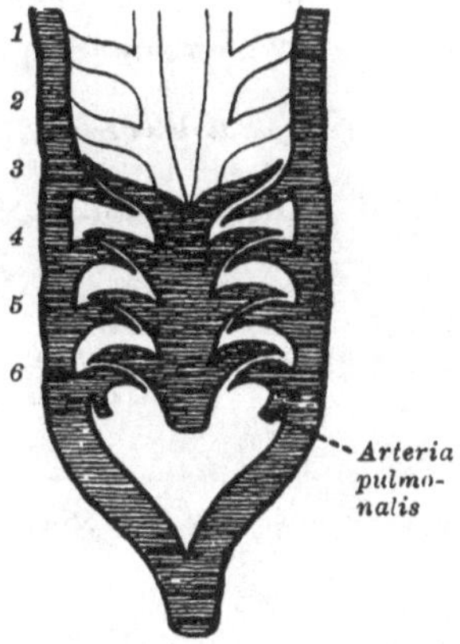

Fig. 16.
Schema des arteriellen Blutkreislaufes der **Dipnoi**. (Nach Boas, aus Nierstrasz).

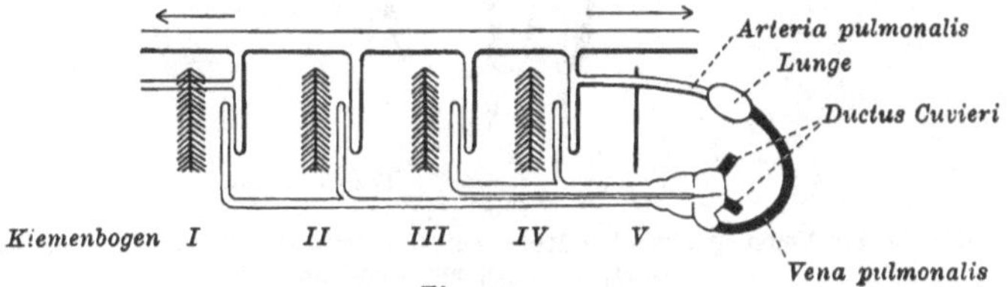

Fig. 17.
Schema des Blutkreislaufes der Kiemenregion bei **Neoceratodus**. (Nach Nierstrasz).

äußerst schwach zur Ausbildung. Das Gehirn (Fig. 10) und das Nervensystem zeigen den gewöhnlichen Fischtypus: Mittel- und Hinterhirn sind im Vergleich zum Vorderhirn groß und gut entwickelt; Seitenlinienorgane sind vorhanden; den Sehorganen fehlt, wie bei den Elasmobranchiern, der den Fischaugen eigene Processus falciformis; das statische Organ beschränkt sich auf ein häutiges Labyrinth, das sich in Utriculus mit drei Bogengängen und Sacculus mit kleiner Lagena gliedert. Die Nasenkapseln sind knorpelig, ihre vorderen Öffnungen liegen unter der Oberlippe; außerdem finden sich die allen Luftatmern eigenen hinteren Öffnungen (innere Narinen), die das Gaumendach durchbohren. Wie erwähnt, atmen die *Dipnoi* sowohl durch Kiemen, als auch durch Lungen (Fig. 11), welch letztere der Schwimmblase der

Fische homolog sind. Von den 5 Kiemenbogen tragen bei *Neoceratodus* nur 4 Kiemenlamellen, wozu am hyalen Bogen noch eine Nebenkieme (Pseudobranchie) hinzukommt; bei *Lepidosiren* (5 Kiemenbogen) und *Protopterus* (6 Kiemenbogen) fehlen die Kiemenlamellen den 2 ersten Kiemenbogen. Die Lunge kann unpaar sein *(Neoceratodus)*, liegt dann dorsal des Vorderdarmes und steht ventral mit dem Ösophagus in Verbindung; sie ist unvollkommen in 2 Hälften geteilt; ist sie paarig *(Lepidosiren* und *Protopterus)*, dann ist sie beiderseits des Vorderdarmes gelegen; im Innern ist die Lunge in Kammern geteilt, wodurch ihre Oberfläche stark vergrößert wird; durch eine Abzweigung des letzten Aortenbogens wird ihr

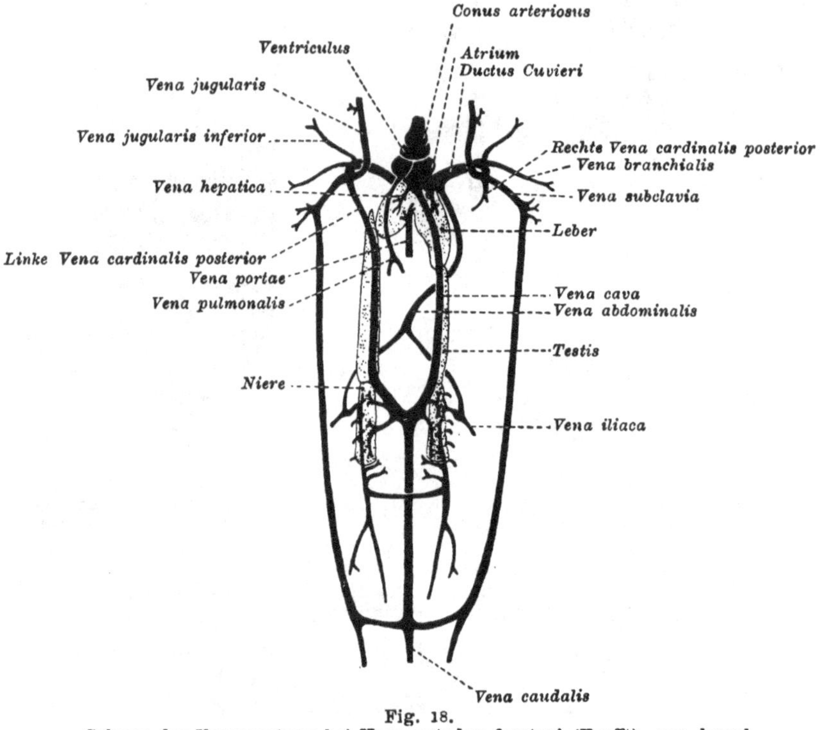

Fig. 18.
Schema des Venensystems bei **Neoceratodus forsteri** (Krefft), von dorsal.
(Nach Spencer, aus Goodrich).

venöses Blut zugeführt, arterielles Blut wird durch eine Lungenvene zum Herzen zurückgeleitet. *Lepidosiren* und *Protopterus* entwickeln sich durch Metamorphose, ihre Larven (Fig. 12, 13) haben bäumchenförmige äußere Kiemen, die bei ersterem nach der Umbildung bald vollständig zurückgebildet werden, während ihre Reste bei *Protopterus* noch im späteren Alter erhalten bleiben. Als akzessorische Atmungsorgane kann man bei *Lepidosiren,* und zwar bei männlichen Tieren, zahlreiche blutgefäßreiche Filamente (Fig. 14), die an den Extremitäten zur Ausbildung gelangen, beobachten; sie treten nur während der Fortpflanzungszeit auf, wobei die Männchen brutpflegend sind und die von den Weibchen in Höhlungen des Bodens ihres Aufenthaltsortes abgelegten Eier bewachen; sie steigen zu dieser Zeit niemals an die Oberfläche ihres Wohngewässers, um atmosphärische Luft zu atmen.

Die Kreislauforgane (Fig. 15, 16, 17, 18) der Dipnoër zeigen im Vergleich zu den anderen Fischen, bedingt durch die zweierlei Atmung, durch Kiemen und Lungen, eine besondere Ausbildung. Durch eine beiderseits auftretende Arteria pulmonalis, die eine Abzweigung der 6. Arteria epibranchialis ist, wird der Lunge venöses Blut zugeführt; durch die Vena pulmonalis, eine Neubildung, fließt arterielles Blut aus der Lunge dem Herzen zu, dessen Vorhof und Ventriculus unvollständig geteilt sind; auch der vorhandene Bulbus cordis ist unvollkommen in ein rechtes und linkes Abteil geteilt und es finden sich hier entweder Klappen *(Neoceratodus)* oder spiralig gedrehte Längsfalten, die am Vorderende verwachsen *(Lepidosiren* und *Protopterus)*; es kommt fast zu einer vollständigen Trennung des Blutkreislaufes; eine unpaare Vena cava posterior und eine unpaare Vena abdominalis sind bereits vorhanden.

Die Zähne der *Dipnoi* sind ganz besondere Bildungen; einfache Zähne sind nicht vorhanden, sondern wir finden hier, wie schon bemerkt, große Zahnplatten. Sie verteilen sich auf das Pterygo-Palatinum, Vomer und Spleniale (Operculare); der Nahrungskanal (Fig. 19) mit seinen Anhangsdrüsen beginnt mit der Mundhöhle, ein verhältnismäßig kurzer Oesophagus mündet mit allmählichem Übergang in einen keulenförmig erweiterten Magen, an den sich der primitive, gerade Mittel- und Enddarm anschließen; der Mitteldarm besitzt eine gut entwickelte Spiralfalte; ein Anhang, der in die Kloake ausmündet (Coecum cloacae), kann mit der Rectaldrüse (Appendix digitiformis) der Haie verglichen werden.

Als Exkretionsorgane finden wir bei den *Dipnoi* langgestreckte Urnieren, die in die Kloake ausmünden; die Larven der *Dipneumona* besitzen eine funktionierende, gut entwickelte Vorniere. Die männlichen Genitalorgane (Fig. 20) der Dipnoër haben einen abführenden Gang, der teilweise von den Hoden umschlossen wird, teilweise liegt er frei; der eingeschlossene Teil des Ganges nimmt die Samenkanäle auf, während der freiliegende Teil die Vasa efferentia entsendet und blind bei der Kloake endigt (sekundärer Ductus deferens); der caudale Teil des primären Harnleiters führt sowohl Sperma, als auch die Ausscheidungsprodukte der Nieren. Die weiblichen Genitalorgane sind im allgemeinen wie bei den Selachiern gebildet; die Ovarien sind langgestreckt, die Müllerschen Gänge bilden Oviducte mit kopfwärts gerichteten Ostien; schwanzwärts vereinigen sie sich und münden auf einer, in die Kloake ragenden Papille.

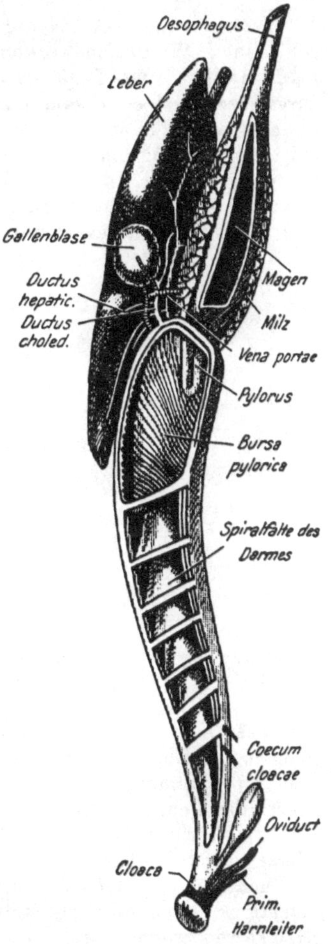

Fig. 19. Darmkanal und Leber von Protopterus, ♀. (Nach Parker, aus Ihle).

Wie erwähnt entwickelt sich *Neoceratodus* ohne Metamorphose. Den Eiern von *Lepidosiren* und *Protopterus* entschlüpfen Larven, die durch äußere bäumchenförmige Kiemen auffallen; *Lepidosiren* bildet sie nach der Umwandlung rasch vollkommen zurück, während ihre Reste bei *Protopterus* auch noch im späteren Alter erhalten bleiben; außerdem sind die Larven der *Dipneumona* durch den Besitz eines auf der Kopfunterseite befindlichen Haftorganes ausgezeichnet.

Die wenigen Arten der Dipnoër verteilen sich auf 3 Gattungen, die in 3 verschiedenen Weltteilen vorkommen. *Neoceratodus* in Australien, *Lepidosiren* in Südamerika und *Protopterus* in Afrika. Sie leben dort in Gewässern, die zur Trockenzeit fast oder ganz austrocknen. *Lepidosiren* und *Protopterus* vergraben sich dann in den Schlamm, letztere liegt eingerollt in einer erhärtenden Schleimkapsel (Fig. 21), die nur bei der Mundöffnung durchbrochen ist, um dem Tiere die Atmung zu ermöglichen. In dieser Zeit atmen sie ausschließlich mit den Lungen. *Neoceratodus* gräbt sich niemals in den Schlamm seines Wohngewässers ein und muß daher, im Falle dieses austrocknet, zugrunde gehen. Dies mag auch ein Grund sein,

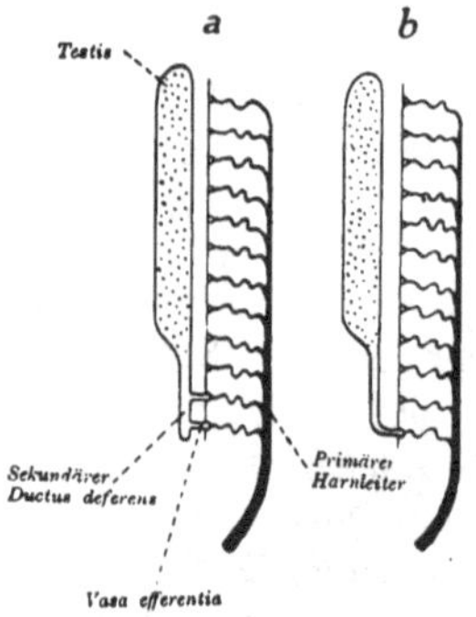

Fig. 20.
Schemata der männlichen Genitalorgane der **Dipneumona**: *a* = **Lepidosiren**, *b* = **Protopterus**. (Nach Graham J. Kerr, aus Ihle).

daß diese Form nicht besonders häufig ist; ein weiterer Grund hierfür ist die Empfindlichkeit der Eier, weshalb diese durch Wasservögel nicht verbreitet werden können. Die Lungenatmung ist bei dieser Gattung aber deshalb von Vorteil, weil sie den Tieren das Leben, selbst in kleinen Tümpeln, in denen sich bei zunehmender Trockenheit die übrigen Wasserbewohner zusammendrängen, massenhaft absterben und das Wasser durch Fäulnis verpesten, noch ermöglicht. Die Dipnoër sind Fleischfresser, die sich von allerlei Wassergetier, vor allem Mollusken nähren, wobei ihnen ihr mächtiges Gebiß sehr zu statten kommt. *Lepidosiren* und *Protopterus* sind brutpflegend, wobei diese Tätigkeit nur von den männlichen Tieren ausgeübt wird. *Protopterus* legt seine Eier in kleine, seichte Wasserlöcher ab, während *Lepidosiren* sie in zuerst senkrecht, dann wagrecht verlaufenden Gängen unterbringt.

1 Ordnung, die in 2 Unterordnungen zerfällt, 2 Familien, 3 Gattungen und 5 Arten.

1. Ord. **Sirenoidei**

1845 *S.*, J. Müller in: Arch. Naturg., *v.* 11 I p. 135 | 1846 *Protopteri*, Bonaparte, Cat. Pesci Eur., p. 4 | 1850 *Lepidosirenes*, Bonaparte, Consp. Syst. Ichthyol. | 1852 *Protopteri*, Hoeven, Handb. Zool., ed. 2 *v.* 2 p. 214 | 1891 *Sirenoidei*, A. S. Woodward, Cat. foss. Fish. Brit. Mus., *v.* 2 p. 235 | 1907 *S.*, W. K. Gregory in: Ann. N. York Ac., *v.* 17 p. 447.

Mit den Merkmalen der Unterklasse.

2 Unterordnungen, 2 Familien, 3 Gattungen und 5 Arten.

Bestimmungstabelle der Unterordnungen:

Körper seitlich etwas kompreß, Schuppen sehr groß, wenig zahlreich; Brust- und Bauchflossen lappenförmig, an 2 Seiten mit strahligem Flossensaum .	A. Subord. **Monopneumona**
Körper von rundlichem Querschnitt, Schuppen zahlreich und klein; Brust- und Bauchflossen dünn, nur an einer Seite mit niederem Flossensaum .	B. Subord. **Dipneumona**

A. Subord. **Monopneumona**

1872 *M.*, C. Claus, Grundz. Zool., ed. 2 p. 880 | 1895 *Paladipneusta,* Haeckel, Syst. Phyl., *v.* 3 p. 262 | 1932 *Monopneumona*, Grobben in: Claus-Grobben-Kühn, Lehrb. Zool., ed. 10 p. 929.

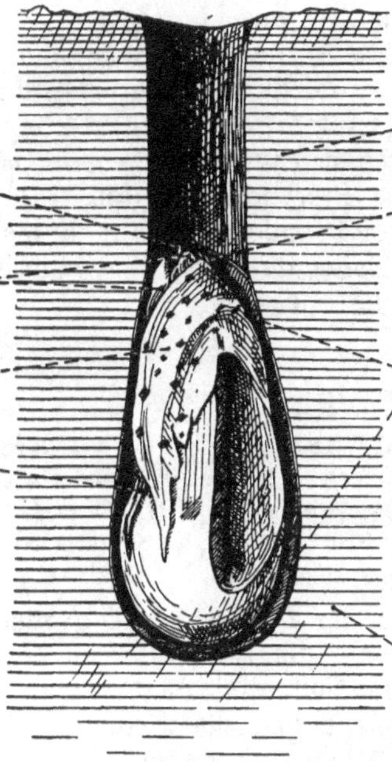

Fig. 21.
Protopterus annectens (Ow.), in Erstarrung; das Tier liegt eingerollt in einer erhärtenden Schleimkapsel im Schlamme eingebettet; die Kapsel ist, um das Tier zu zeigen, geöffnet. (Nach Parker, umgezeichnet).

Die Lunge ist unpaar, dorsal des Vorderdarmes gelegen und unvollkommen in 2 symmetrische Hälften geteilt; 5 Kiemenbogen, von denen nur 4 Kiemenlamellen tragen; am hyalen Bogen eine Nebenkieme (Pseudobranchie); der Bulbus cordis ist unvollständig geteilt, mit Klappen; der Schädel ist mit einem ziemlich vollständigen, aus großen Knochenplatten zusammengesetzten sekundären Schädeldach bedeckt; hinter der Kloake weite, paarige Peritonealspalten. Entwicklung ohne Metamorphose.

1 Familie, 1 Gattung und 1 Art.

1. Fam. **Ceratodidae**

1870 *Sirenoidei* (part.), Alb. Günther, Cat. Fish. Brit. Mus., *v.* 8 p. 321 | 1871 *Sirenidae* (part.) + *Ceratodontina*, Alb. Günther in: Phil. Tr., *v.* 161 p. 554 | 1872

Ceratodidae, C. Claus, Grundz. Zool., ed. 2 p. 880 | 1872 *Ceratodontidae,* T. Gill in: Smithson. Collect., *v.* 11 p. 22 | 1889 *C.*, E. D. Cope in: Amer. Natural., *v.* 23 p. 854 | 1907 *C.*, W. K. Gregory in: Ann. N. York Ac., *v.* 17 p. 447 | 1932 *Ceratodidae,* Grobben in: Claus-Grobben-Kühn, Lehrb. Zool., ed. 10 p. 930.

Mit den Merkmalen der Unterordnung.

1 Gattung und 1 Art.

1. Gen. **Neoceratodus** Cast.

1837 *Ceratodus,* L. Agassiz MS in: P. Egerton, Syst. Cat. foss. Fish Cole, p. [6]; [8] (nom. nud.) | 1838 *C.*, L. Agassiz, Rech. Poissons foss., *v.* 3 p. 114, 129 | 1876 *Neoceratodus,* F. Castelnau in: J. Zool., *v.* 5 p. 132.

Der Körper ist seitlich wenig kompreß und mit großen Cycloidschuppen bedeckt; die Brust- und Bauchflossen sind lappenförmig mit freibeweglichem Basalgliede, an das sich ein aus ungefähr zylindrischen Knorpelgliedern bestehender Schaft anschließt, der außen beschuppt ist; der Schaft trägt beiderseits Flossensäume, die durch Knorpelstrahlen (Radien) und Hornstrahlen (Ceratotrichia) gestützt werden; der Kopf ist breit, oberseits flach, mit kleinen lateral gelegenen Augen; der Vomer ist mit schneidenden Zahnlamellen ausgestattet, das Pterygo-Palatinum trägt 2 mächtige Zahnplatten mit buckeligen Kronen und außenseits mit 5 bis 6 scharfen Zahnspitzen; im Unterkiefer trägt das Spleniale (Operculare) ähnliche, paarige Zahnplatten, die auf jene des Oberkiefers passen.

Australien.

1 Art.

1. **N. forsteri** (Krefft) 1870 *Ceratodus f.*, G. Krefft in: P. zool. Soc. London, [*v.* 38] p. 221 f. 1, 2 (Unterkiefer), 3 (linker Ast des Unterkiefers) | 1870 *C. f.*, Alb. Günther, Cat. Fish. Brit. Mus., *v.* 8 p. 323 | 1871 *C. f.* + *C. miolepis,* Alb. Günther in: Phil. Tr., *v.* 161 p. 511; 514; 516 t. 30 f. 1, 2 (Skelett) & t. 30 f. 3—t. 42 (Anatomie) | 1876 *Neoceratodus forsteri* + *N. Blanchardi,* F. Castelnau in: J. Zool., *v.* 5 p. 130; 133; 342.

Mit den Merkmalen der Gattung; die großen Schuppen stehen in 18 bis 21 Längsreihen; oberhalb der Seitenlinie in 5 bis 6, unterhalb derselben in 11 bis 13 Reihen; in der Seitenlinie selbst zählt man bis zur Senkrechten, die durch die Kloake gelegt gedacht wird, ungefähr 20 bis 22 Schuppen. L. bis 1750 mm. Die Färbung ist dunkeloliv bis braun, gegen den Bauch zu heller werdend; letzterer ist weißlich. (Fig. 22, 23.)

Queensland.

B. Subord. **Dipneumona**

1850 *Pseudoichthyas,* J. E. Gray, Cat. Amph. Brit. Mus., *v.* 2 p. 61 | 1855 *„Ichthyosirènes“,* F. Castelnau in: Laporte-Castelnau, Exp. Amér. Sud, *v.* 2 p. 104 | 1872 *Dipneumona,* C. Claus, Grundz. Zool., ed. 2 p. 881 | 1895 *Neodipneusta,* Haeckel, Syst. Phyl., *v.* 3 p. 264 | 1932 *Dipneumona,* Grobben in: Claus-Grobben-Kühn, Lehrb. Zool., ed. 10 p. 930.

Die Lunge ist paarig, beiderseits des Vorderdarmes gelegen; 5 bis 6 Kiemenbogen, von denen die beiden vordersten keine Kiemenlamellen tragen; der Bulbus cordis mit spiraligen Leisten, die am Vorderende verwachsen; der Schädel mit rückgebildetem sekundären Knochendach, das nur aus 2 langen zungenförmigen Knochenplatten besteht; Entwicklung mit Metamorphose; die Larven besitzen bäumchenförmige äußere Kiemen und auf der Unterseite des Kopfes ein Haftorgan.

1 Familie, 2 Gattungen und 4 Arten.

1. Fam. **Lepidosirenidae**

1841 *Amphibichthyidae,* John Hogg in: Ann. nat. Hist., *v.* 7 p. 362 | 1845 *Sirenoidei,* J. Müller in: Arch. Naturg., *v.* 11 I p. 135 | 1846 *Lepidosirenidae* + *Lepidosirenini,* Bonaparte, Cat. Pesci Eur., p. 4 | 1852 *Sirenoidei* s. *Pneumoichthyi,* Hoeven, Handb. Zool., ed. 2 *v.* 2 p. 215 | 1870 *Sirenoidei,* Alb. Günther, Cat. Fish. Brit. Mus., *v.* 8 p. 321 | 1871 *Sirenidae* (part.) + *Lepidosirenina,* Alb. Günther in: Phil. Tr., *v.* 161 p. 554; 555 | 1889 *Lepidosirenidae,* E. D. Cope in: Amer. Natural., *v.* 23 p. 854 | 1907 *L.,* W. K. Gregory in: Ann. N. York Ac., *v.* 17 p. 447 | 1909 *L.,* Boulenger, Cat. Freshw. Fish. Afr., *v.* 1 p. 19.

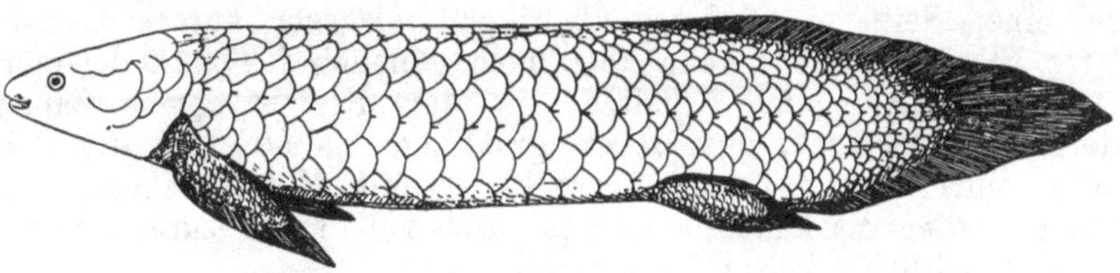

Fig. 22.
Neoceratodus forsteri (Krefft). (Nach Günther, vereinfacht).

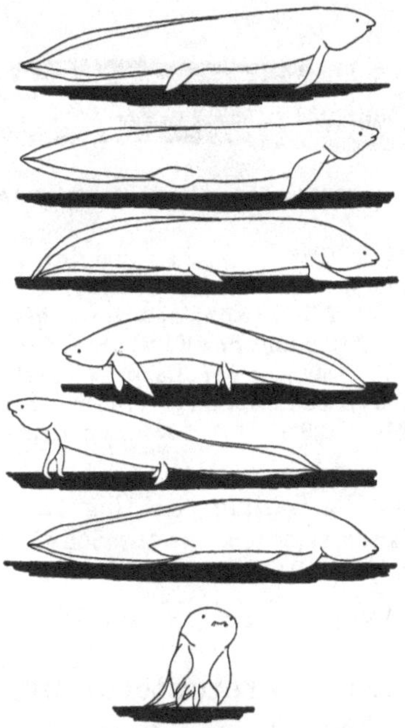

Fig. 23.
Neoceratodus forsteri (Krefft). Verschiedene Körperstellungen des ruhenden Tieres. (Nach Dean).

Mit den Merkmalen der Unterordnung.

2 Gattungen und 4 Arten.

Bestimmungstabelle der Gattungen:

Der Körper ist sehr langgestreckt; der vertikale Flossensaum ist sehr niedrig; Schuppen sehr zahlreich; keine Reste äußerer Kiemen bei erwachsenen Tieren; Südamerika . . . . 1. Gen. **Lepidosiren**

Der Körper ist etwas gedrungener; der vertikale Flossensaum ist mäßig hoch; häufig Reste äußerer Kiemen bei erwachsenen Tieren bemerkbar; Afrika . . . . 2. Gen. **Protopterus**

1. Gen. **Lepidosiren** Fitz.

1836 *L.*, Fitzinger in: Not. Nat.-Heilk., *v.* 50 nr. 6 p. 90 | 1837 *L.*, Fitzinger in: Isis, fasc. 5 p. 379 | 1841 *Amphibichthys*, John Hogg in: Ann. nat. Hist., *v.* 7 p. 361 | 1870 *Lepidosiren*, Alb. Günther, Cat. Fish. Brit. Mus., *v.* 8 p. 322.

Der Körper ist sehr langgestreckt und von rundlichem Querschnitt; der vertikale Flossensaum ist sehr niedrig; die paarigen Extremitäten sind dünn und bestehen nur aus einem freibeweglichen Basalgliede und dem aus Knorpelgliedern gebildeten Schafte, ohne seitliche knorpelige Radien; nur an einer Seite ein äußerst niedriger, von sehr kurzen Ceratotrichia gestützter Flossensaum, er kann aber auch gänzlich fehlen, 5 Kiemenbogen und 4 dazwischenliegende Spalten; in den Kiefern große Zahnplatten mit starken Zahnspitzen, dazwischen gratartige Zahnleisten; die Schuppen sind sehr zahlreich und dünn; Entwicklung mit Metamorphose, nach der Umbildung werden die äußeren Kiemen rasch vollständig zurückgebildet; die Kloake liegt seitlich.

Südamerika.

1 Art.

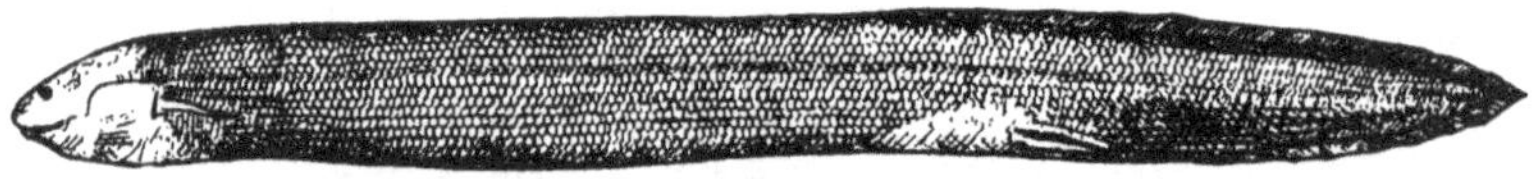

Fig. 24.
Lepidosiren paradoxa Fitz. (Nach Lankester, vereinfacht).

1. **L. paradoxa** Fitz. 1836 *L. p.*, Fitzinger in: Not. Nat.-Heilk., *v.* 50 nr. 6 p. 90 | 1837 *L. p.*, Fitzinger in: Isis, fasc. 5 p. 379 | 1840 *L. p.*, Natterer in: Ann. Hofmus. Wien, *v.* 2 p. 165 t. 10 f. 1, 2 (Kopf von vorn, geöffneter Mund), 3 (Körperteil mit den hinteren Extremitäten und der Kloake), 4, 5, 6 (Schuppe des Schwanzes) | 1855 *L. p.* + *L. dissimilis*, F. Castelnau in: Laporte-Castelnau, Exp. Amér. Sud, *v.* 2 p. 104 t. 50 f. 1, a (Mund), b (Kloake), c, d (vergrößerte Schuppen) | 1870 *L. p.*, Alb. Günther, Cat. Fish. Brit. Mus., *v.* 8 p. 323 | 1894 *L. articulata*, Ehlers in: Nachr. Ges. Götting., p. 85.

Mit den Merkmalen der Gattung. L. bis 1250 mm. Die Färbung ist in der Regel braun, sie kann sich aber bis ins Schwärzliche vertiefen oder bis zum Aschgrau aufhellen (Fig. 24).

Tropisches Südamerika.

2. Gen. **Protopterus** Ow.

1839 *P.* + *Lepidosiren*, Rich. Owen in: P. Linn. Soc. London, *v.* 1 p. 27 | 1841 *Protomelus*, John Hogg in: Ann. nat. Hist., *v.* 7 p. 359 | 1844 *Rhinocryptis*, Peters in: Monber. Ak. Berlin, p. 414 | 1870 *Protopterus*, Alb. Günther, Cat. Fish. Brit. Mus., *v.* 8 p. 322 | 1909 *P.*, Boulenger, Cat. Freshw. Fish. Afr., *v.* 1 p. 19.

Der Körper ist gestreckt, von rundlichem Querschnitt; der vertikale Flossensaum ist deutlich und mäßig hoch; die paarigen Extremitäten sind dünn, mit freibeweglichem Basalgliede und einem sich daran anschließenden, aus ungefähr zylindrischen Knorpelgliedern bestehenden Schaft; sie besitzen keine Radien, und nur an einer Seite einen mehr oder weniger gut entwickelten, von Hornfäden gestützten Flossensaum; 6 Kiemenbogen, dazwischen 5 Spalten; in den Kiefern große, mit Spitzen versehene Zahnplatten; die Schuppen sind mäßig klein und dünn; Entwicklung mit Metamorphose, nach der Umbildung bleiben Reste der äußeren Kiemen noch lange erhalten; Kloake seitlich gelegen.

Tropisches Afrika.

3 Arten.

Bestimmungstabelle der Arten:

1 { In einer Längsschuppenreihe bis zur Senkrechten, die durch die Kloake gelegt gedacht wird, höchstens 70 Schuppen — 2
In einer Längsschuppenreihe, bis zur Senkrechten, die durch die Kloake gelegt gedacht wird, mehr als 80 Schuppen . 3. **P. dolloi**

2 { 40 bis 50 Schuppen in einer Längsreihe, bis zur Senkrechten, die durch die Kloake gelegt gedacht wird; die Kopflänge ist $3^1/_2$ bis $4^1/_2$ mal im Abstand zwischen Schnauze und Kloake enthalten; der Beginn des dorsalen Flossensaumes ist dem Hinterkopf näher gelegen als der Kloake . . . 1. **P. annectens**
55 bis 70 Schuppen in einer Längsreihe, bis zur Senkrechten, die durch die Kloake gelegt gedacht wird; die Kopflänge ist $3^3/_5$ bis 5 mal im Abstand zwischen der Schnauze und der Kloake enthalten; der Beginn des dorsalen Flossensaumes ist der Kloake näher gelegen als dem Hinterkopfe oder liegt gerade zwischen beiden . . . . 2. **P. aethiopicus**

1. **P. annectens** (Ow.) 1839 *Lepidosiren a.*, Rich. Owen in: P. Linn. Soc. London, *v.* 1 p. 27 | 1841 *L. a.* + *Protopterus anguilliformis* MS., Rich. Owen in: Tr. Linn. Soc. London, *v.* 18 p. 327; 332 t. 23 f. 1, 2 & t. 23—26 (Anatomie) | 1841 *Lepidosiren annectens*, Jardine in: Ann. nat. Hist., *v.* 7 p. 21 | 1844 *Rhinocryptis amphibia*, Peters in: Monber. Ak. Berlin, p. 414 | 1850 *Protopterus rhinocryptis*, J. E. Gray, Cat. Amph. Brit. Mus., *v.* 2 p. 62 | 1868 *P. anguilliformis*, Peters, Reise Mossamb., *v.* 4 p. 3 t. 1 f. 1 | 1870 *P. annectens* (part.), A. Duméril, Hist. nat. Poissons, *v.* 2 p. 470 | 1870 *P. a.* (part.), Alb. Günther, Cat. Fish. Brit. Mus., *v.* 8 p. 322 | 1886 *P. a.* (part.) + *P. amphibius*, Ant. Schneider in: Zool. Anz., *v.* 9 p. 524 | 1909 *P. annectens*, Boulenger, Cat. Freshw. Fish. Afr., *v.* 1 p. 20 f. 14 (cop. Gray).

Die Körperhöhe ist in der Gesamtlänge des Körpers $6^1/_2$ bis $8^1/_2$ mal enthalten; die Kopflänge ist im Abstand der Schnauze von der Kloake $3^1/_2$ bis $4^1/_2$ mal enthalten; die Schnauze ist breit gerundet, ihre Länge ist in der Kopflänge 4 mal enthalten; der Durchmesser des kleinen Auges beträgt $^1/_8$ bis $^1/_{12}$ der Kopflänge und ist im Augenzwischenraum (Interorbitalweite) $2^1/_2$ bis $3^1/_2$ mal enthalten; der Ursprung des dorsalen Flossensaumes liegt dem Hinterkopfe näher als der Kloake; die Vorderextremitäten sind länger als die rückwärtigen und besitzen einen viel besser entwickelten Flossensaum als letztere; 34 bis 36 Rippenpaare; 40 bis 50 Schuppen in einer Längsreihe zwischen der Kiemenspalte und der Kloake, 36 bis 40 Schuppen rund um die Körpermitte. L. bis 650 mm. Die Färbung ist oberseits oliv- bis graubraun, unterseits heller; die Körperseiten gewöhnlich mit schwärzlichen Flecken; der Seitenlinienkanal ist dunkelbraun oder schwärzlich hervorgehoben. (Fig. 25.)

Im Westen vom Senegal bis zum Niger, Becken des Tschad-See, Ostafrika nach Süden bis zum Zambesi.

2. **P. aethiopicus** Heck. 1851 *P. a.*, Heckel in: SB. Ak. Wien, *v.* 7 p. 685 | 1855 ? *Lepidosiren tobal*, Adanson MS + *L. arnaudii*, F. Castelnau in: Laporte-Castelnau, Exp. Amér. Sud, *v.* 2 p. 105 | 1860 *L. annectens* (non Rich. Owen), J. E. Gray in: Ann. nat. Hist., ser. 3 *v.* 5 p. 70 | 1870 *Protopterus a.* (part.), A. Duméril, Hist. nat. Poissons, *v.* 2 p. 470 | 1870 *P. a.* (part.), Alb. Günther, Cat. Fish. Brit. Mus., *v.* 8 p. 322 | 1886

P. a. (part.), Ant. Schneider in: Zool. Anz., *v.* 9 p. 524 | 1909 *P. aethiopicus*, Boulenger, Cat. Freshw. Fish. Afr., *v.* 1 p. 21 f. 15.

Die Körperhöhe ist in der Gesamtlänge des Körpers 7 bis $9^1/_2$ mal enthalten; die Kopflänge ist im Abstand der Schnauze von der Kloake $3^3/_5$ bis 5 mal enthalten; die Schnauze ist breit gerundet, ihre Länge ist in der Kopflänge 4 bis 5 mal enthalten; der Durchmesser des sehr kleinen Auges beträgt $^1/_{10}$ bis $^1/_{20}$ der Kopflänge und ist in der Interorbitalweite 3 bis 5 mal enthalten; der Ursprung des dorsalen Flossensaumes liegt der Kloake näher als dem Hinterkopfe, oder er liegt genau zwischen beiden; die Vorderextremitäten sind länger als die rückwärtigen und besitzen einen gut entwickelten Flossensaum; letzterer ist bei den Hinterextremitäten sehr schwach entwickelt, oder er fehlt; 35 bis 41 Rippenpaare; 55 bis 70 Schuppen in einer Längsreihe zwischen der Kiemenspalte und der Kloake, 40 bis 50 Schuppen rund um die Körpermitte. L. bis 1380 mm. Die Färbung ist oberseits grau, olivbraun bis schwärzlich, unterseits gelblich bis weißlich;

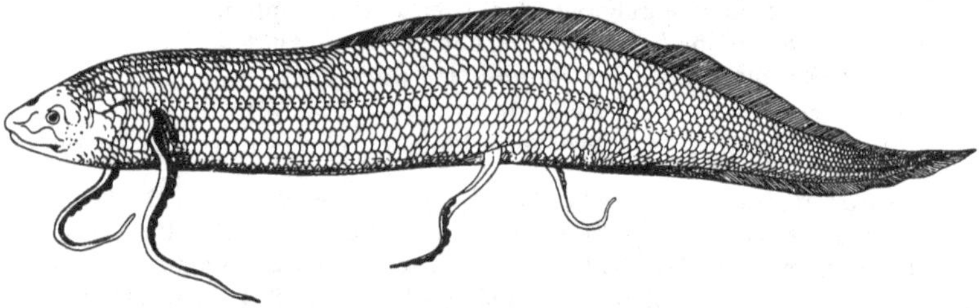

Fig. 25.
Protopterus annectens (Ow.). (Nach Gray, vereinfacht).

die Körperseiten sind mehr oder weniger schwärzlich getupft; der Seitenlinienkanal ist dunkelbraun oder schwärzlich hervorgehoben.

Vom westlichen Sudan bis an die Ufer des Tanganyika-Sees.

3. **P. dolloi** Blgr. 1900 *P. d.*, Boulenger in: Ann. Mus. Congo, Zool. *v.* 1 p. 155 t. 56 | 1909 *P. d.*, Boulenger, Cat. Freshw. Fish. Afr., *v.* 1 p. 22 f. 16.

Die Körperhöhe ist in der Gesamtlänge des Körpers $11^1/_2$ bis 12 mal enthalten; die Kopflänge ist im Abstand der Schnauze von der Kloake 5 bis 6 mal enthalten; die Schnauze ist breit gerundet, ihre Länge ist in der Kopflänge etwas weniger als 4 mal enthalten; der Durchmesser des sehr kleinen Auges ist in der Kopflänge 15 bis 19 mal, in der Interorbitalweite 4 bis 6 mal enthalten; der Ursprung des dorsalen Flossensaumes liegt bedeutend näher der Kloake als dem Hinterkopfe; die Vorderextremitäten sind länger als die rückwärtigen und mit einem gut entwickelten Flossensaum ausgestattet; der Flossensaum der Hinterextremitäten ist rudimentär oder er fehlt; 54 Rippenpaare; 86 bis 91 Schuppen in einer Längsreihe zwischen der Kiemenspalte und der Kloake, 40 bis 44 Schuppen rund um die Körpermitte. L. bis 830 mm. Die Färbung ist oberseits olivbraun, mit schwärzlichen runden Flecken, oder einfarbig schwärzlich; unterseits ist sie weißlich; der Seitenlinienkanal hebt sich lichter von der Körpergrundfarbe ab.

Kongo, Gabun.

Alphabetisches Register

Nomenclator generum et subgenerum

von W. F. Reinig

Amphibichthys pro *Lepidosiren* Fitzinger 1836 John Hogg 1841 in: Ann. nat. Hist., *v.* 7 p. 361.

Ceratodus (nom. nud.) L. Agassiz MS. 1837 in: P. Egerton, Syst. Cat. foss. Fish Cole, p. [6], [8].

Ceratodus L. Agassiz 1838, Rech. Poissons foss., *v.* 3 p. 114, 129. Sp.: *C. latissimus, curvus, kaupii, planus, parvus, emarginatus, gibbus, daedaleus, altus, obtusus, disauris, philippsii, serratus, heteromorphus.*

Lepidosiren Fitzinger 1836 in: Not. Nat.-Heilk., *v.* 50 p. 90. Sp.: *L. paradoxa.*

Lepidosiren pro *Protopterus* Owen 1839 Rich. Owen 1839 in: P. Linn. Soc. London, *v.* 1 p. 27. Sp.: *L. annectens.*

Neoceratodus F. Castelnau 1876 in: J. Zool., *v.* 5 p. 132. Sp.: *N. Blanchardi, forsteri.*

Protomelus John Hogg 1841 in: Ann. nat. Hist., *v.* 7 p. 359. Sp.: *P. annectens.*

Protopterus Rich. Owen 1839 in: P. Linn. Soc. London, *v.* 1 p. 27. Sp.: *P. annectens.*

Rhinocryptis Peters 1844 in: Monber. Ak. Berlin, p. 414. Sp.: *R. amphibia.*

FSC
www.fsc.org
MIX
Papier | Fördert gute Waldnutzung
FSC® C083411

Kolibri 360 GmbH
Ferdinand-Jühlke-Straße 7
99095 Erfurt, Deutschland
produktsicherheit@kolibri360.de